Nivetha Martin

Um Estudo sobre Mapas Relacionais Fuzzy

Nivetha Martin

Um Estudo sobre Mapas Relacionais Fuzzy

ScienciaScripts

Imprint
Any brand names and product names mentioned in this book are subject to trademark, brand or patent protection and are trademarks or registered trademarks of their respective holders. The use of brand names, product names, common names, trade names, product descriptions etc. even without a particular marking in this work is in no way to be construed to mean that such names may be regarded as unrestricted in respect of trademark and brand protection legislation and could thus be used by anyone.

Cover image: www.ingimage.com

This book is a translation from the original published under ISBN 978-620-2-06856-7.

Publisher:
Sciencia Scripts
is a trademark of
Dodo Books Indian Ocean Ltd. and OmniScriptum S.R.L publishing group

120 High Road, East Finchley, London, N2 9ED, United Kingdom
Str. Armeneasca 28/1, office 1, Chisinau MD-2012, Republic of Moldova, Europe
Printed at: see last page
ISBN: 978-620-7-96179-5

ÍNDICE DE CONTEÚDOS

Uma investigação sobre os efeitos combinados do comércio eletrónico e da digitalização nos sectores de produção utilizando mapas relacionais difusos nãoagonais

[1]Nivetha Martin,[2] W.Lilly Merline,[3] P.Pandiammal

1. Professor Assistente, Departamento de Matemática, Arul Anandar College (Autónomo), Karumathur, Tamil Nadu,625514,Índia, nivetha.martin710@gmail.com

2. Professor Assistente, PG & Departamento de Investigação de Matemática, Periyar EVR College (Autónomo), Trichy, Tamil Nadu,620023,Índia, lillymerlinew@yahoo.com

3. Professor Assistente, Departamento de Matemática, GTN Arts College, Dindigul, Tamil Nadu,624004,Índia, pandiammal1981@gmail.com.

Resumo

Nesta era da Internet, os cidadãos da nossa nação estão a adaptar-se às crescentes caraterísticas tecnológicas. Atualmente, o governo declara muitas reformas para a elevação da nação hi-tech. O desenvolvimento global de qualquer país depende da promoção dos sectores de produção, que decidem a taxa de crescimento da economia. A instância tornou-se agora o objetivo essencial das indústrias, o que só pode ser possível se as interconexões e interligações forem vibrantes. Para criar uma plataforma adequada para esses laços fortes, a digitalização foi promovida nos atributos da ciência e da tecnologia. Hoje em dia, as pessoas estão a afastar-se das práticas convencionais para as tendências contemporâneas e uma delas é o comércio eletrónico. Tanto a digitalização como o comércio eletrónico estão a suscitar grande preocupação entre os sectores de produção. Os efeitos individuais destes dois factores nos sectores de produção foram analisados por muitos investigadores em diversas perspectivas. Este documento tem como principal objetivo determinar os efeitos combinados de ambos no desenvolvimento da produção. A análise é difícil devido ao ambiente de incerteza existente. Para lidar com estas situações, são utilizados mapas relacionais difusos com pesos nãoagonais.

Palavras-chave: E-Commerce, Digitalização, Ponderação não-agonal, Mapas Relacionais Fuzzy.

Antecedentes do estudo

Nos últimos anos, a teoria dos grafos estabeleceu-se como uma importante ferramenta matemática numa grande variedade de disciplinas, desde a investigação operacional e a química até à genética e à linguística, e desde a engenharia eléctrica e a geografia até à sociologia e à arquitetura. Ao mesmo tempo, também emergiu como uma disciplina matemática de valor por direito próprio. A teoria dos grafos ocupa-se de vários tipos de redes ou, na realidade, de modelos de redes designados por grafos. A teoria dos grafos começou com Euler, a quem foi pedido que encontrasse um bom caminho para atravessar as sete pontes de Koningsberg. O conceito de digraphs (ou grafos dirigidos) é uma das teorias mais ricas da teoria dos grafos, principalmente devido às suas aplicações a problemas físicos. Por exemplo, as redes de fluxo com válvulas nas condutas e as redes eléctricas são representadas por digrafos. São aplicados em representações abstractas de programas de computador e são uma ferramenta inestimável no estudo de máquinas sequenciais. Também são utilizados para a análise de sistemas na teoria do controlo. A maior parte dos conceitos e da terminologia dos grafos não direcionados são também aplicáveis aos digrafos. O conceito de grafos dirigidos é alargado aos mapas cognitivos difusos. Os mapas cognitivos difusos (FCM) são estruturas de grafos difusos para representar o raciocínio causal. A sua imprecisão permite graus nebulosos de causalidade entre objectos causais nebulosos (conceitos). A sua estrutura gráfica permite a propagação causal sistemática, em especial o encadeamento para a frente e para trás, e permite o crescimento de bases de conhecimentos através da ligação de diferentes FCM. Os FCMs são especialmente aplicáveis a domínios de conhecimento não formal e são dados vários exemplos de FCMs. A causalidade é representada como uma relação difusa sobre conceitos causais. A maior parte do conhecimento é especificação de classificações e causas. Em geral, as classes e as causas são incertas (difusas ou aleatórias), normalmente difusas. Esta imprecisão passa para as representações do conhecimento e para as bases de conhecimento, onde conduz a um *compromisso entre a aquisição e o processamento do conhecimento. Quanto* mais imprecisa for a representação do conhecimento, mais fácil será a aquisição do conhecimento e maior será a concorrência entre as fontes de conhecimento. Mas quanto mais difuso for o conhecimento, mais difícil será o processamento (simbólico) do conhecimento.

Os mapas cognitivos difusos (MCF) permitem contornar esta situação. Os FCM são estruturas gráficas difusas para representar o raciocínio causal. A sua imprecisão permite graus nebulosos de causalidade entre objectos causais nebulosos (conceitos). A sua estrutura gráfica permite a propagação causal sistemática, em particular o encadeamento para a frente e para trás, e permite o crescimento de bases de conhecimentos através da ligação de diferentes FCMs. Os FCMs são especialmente aplicáveis em domínios de conhecimento não formal (por exemplo, ciência política, ciência militar, história, relações internacionais, teoria da organização) em que tanto os conceitos/relacionamentos do sistema como a linguagem do meta-sistema são fundamentalmente difusos.

Perspetiva histórica

Os mapas cognitivos, que são precursores dos mapas cognitivos difusos, foram introduzidos pela primeira vez em 1976 por um cientista político chamado Robert Axelrod (Axelrod, 1976). Foram apresentados como uma ferramenta para ajudar a analisar sistemas que incluem conceitos inter-relacionados por relações complexas. Em particular, os Mapas Cognitivos foram aplicados para representar o conhecimento científico social. Um mapa cognitivo pode ser expresso sob a forma de um digrama simples, constituído por nós e arestas, em que cada nó corresponde a um conceito ou a uma variável relevante para um domínio de aplicação. Este conjunto de nós está ligado por arestas direcionadas que representam relações mútuas entre conceitos. Cada aresta está associada a um sinal positivo ou negativo que exprime um tipo específico de relação. Um sinal positivo para uma aresta de um nó A para um nó B indica a influência promotora exercida por A sobre B. Significa que um aumento do valor do nó A conduzirá a um aumento do valor do nó B e vice-versa. Um sinal negativo para uma aresta do nó A para o nó B reflecte um tipo de relação inibidora. Descreve a situação em que o aumento do valor de A leva à diminuição do valor de B. Se não existir qualquer aresta entre os dois conceitos dados, isso indica que não existe uma correlação direta de causa e efeito entre esses conceitos. No entanto, os resultados desta técnica de modelação revelaram-se insuficientes para descrever sistemas mais complexos devido à representação limitada das relações. Normalmente, a causalidade não é booleana (com dois valores, sim-não) nos sistemas reais, ou seja, as relações são demasiado complexas para serem descritas apenas com um sinal. Esta foi a motivação para alargar a teoria dos Mapas Cognitivos.

Dez anos mais tarde, em 1986, Kosko (Kosko, 1986) introduziu os mapas cognitivos difusos (FCM). Os fundamentos deste método, em termos de representação do modelo como um conjunto de conceitos ligados por relações, são os mesmos que os da abordagem de Axelrod. Em comparação com os Mapas Cognitivos, a generalização mais significativa dos MCA reside na forma como são representadas as relações causais entre conceitos. Em vez de utilizar apenas um sinal, cada aresta está associada a um número (peso) que define a força de uma determinada relação causal. Os FCMs descrevem as relações em termos difusos, como fraco, médio, forte ou muito forte. Por outras palavras, um peso associado a uma aresta direcionada de um nó A para um nó B quantifica - quão mudili o conceito A causa B. A força de uma relação entre dois nós (ou seja, o valor do peso) é normalmente normalizada no intervalo [-1, 1]. O valor de -1 representa a influência máxima negativa, enquanto o valor de +1 representa a influência máxima positiva. Zero denota ausência de efeito causal. Outros valores correspondem a níveis intermédios de influência. Consequentemente, um FCM é totalmente descrito por um conjunto de nós (conceitos) e arestas (relações de causa-efeito), que são representados por pesos. Para além da representação gráfica, para fins computacionais, as MCF podem ser definidas de forma equivalente por uma matriz quadrada, designada por matriz de ligação, que armazena todos os valores dos pesos das arestas entre conceitos correspondentes, representados por linhas e colunas. Assim, um sistema com N nós pode ser representado por uma matriz de ligação N x N.

O cientista político Robert Axelrod (1976) desempenhou um papel fundamental na representação do conhecimento científico social. Os mapas cognitivos de Axelrod são digrafos assinados. Os nós são conceitos variáveis (como instabilidade social, não como sociedade) e as arestas são ligações causais. Uma aresta positiva do nó A para o nó B significa que A aumenta causalmente B. Uma aresta negativa de A para B significa que A diminui causalmente B. Os mapas cognitivos facilitam a *codificação documental,* construindo representações simbólicas de documentos especializados. Axelrod explorou a representação matricial (de adjacência) dos mapas cognitivos. A centralidade concetual causal nos mapas cognitivos pode ser definida com a matriz de adjacência.

Os peritos humanos que supervisionam um sistema e conhecem o seu comportamento em diferentes circunstâncias desenvolvem um modelo de MCA do sistema de tal forma que a sua experiência e conhecimentos acumulados são integrados nas relações causais entre factores/caraterísticas do modelo de MCA (Stylios e Groumpos, 1999). As MCA têm sido utilizadas em muitas disciplinas para facilitar a compreensão de sistemas sociais complexos e para a tomada de decisões (Pelàez e Bowles, 1996; Miao e Liu, 2000; Papageorgiou et al., 2003).

O FRM é o sucessor do FCM e a sua história está efetivamente relacionada com o FCM.

Estratégias de desenvolvimento

Existem duas técnicas principais para o desenvolvimento de MCF e de MGF. O primeiro grupo, designado por *métodos baseados em peritos (método manual)*, inclui técnicas que exploram apenas o conhecimento humano. Durante muito tempo, esta foi praticamente a única forma de estabelecer MCF, principalmente devido à falta de abordagens automatizadas ou semi-automatizadas que apoiassem este processo. Recentemente, foram feitas várias tentativas para desenvolver *métodos computacionais*. O seu objetivo é substituir ou ajudar o perito e aprender a estrutura do modelo de forma automatizada ou semi-automatizada, utilizando dados históricos (Stach *et al.*, 2005a; Stach *et al.*, 2010).

Métodos manuais para o desenvolvimento de modelos FCM e FRM

Os métodos baseados em peritos para o desenvolvimento de Mapas Cognitivos Fuzzy baseiam-se inteiramente na perícia humana e no conhecimento do domínio, pelo que são classificados como *modelação dedutiva*. A representação relativamente simples do modelo torna possível desenhar manualmente o gráfico que corresponde a um MCA utilizando apenas um lápis e uma folha de papel. Também é necessário que os peritos tenham um conhecimento rudimentar da teoria da MCF para compreenderem o significado dos pesos e a direção dos efeitos causais. Para aumentar a credibilidade do modelo, pode ser envolvido no processo de desenvolvimento um grupo de peritos, em vez de uma única pessoa. Normalmente, recorre-se a um grupo de peritos, que operam, monitorizam, supervisionam e conhecem o comportamento do sistema, para construir o modelo FCM. Os peritos, com base na sua experiência, atribuem os principais factores que descrevem o comportamento do sistema; cada um destes factores é representado por um conceito da MCF. Sabem quais os elementos dos sistemas que influenciam outros elementos, pelo que determinam o efeito negativo ou positivo de um conceito sobre os outros, com um grau difuso de causalidade para os conceitos correspondentes (Papageorgiou *et al.*, 2009). A metodologia de desenvolvimento extrai os conhecimentos disponíveis dos peritos através de uma forma de regras difusas do tipo "se-então". Os peritos podem trabalhar em conjunto ou conceber mapas individualmente para representar a sua compreensão de um determinado sistema. Neste último caso, os mapas individuais podem ser combinados num único modelo.

O desenvolvimento de MCA com base em peritos consiste normalmente nas três etapas seguintes (Kosko, 1986; Khan e Quaddus, 2004):

1. Identificação de conceitos importantes.

2. Identificação de relações causais entre estes conceitos.

3. Estimativa da força das relações causais.

Na primeira etapa, é necessário decidir quais os conceitos disponíveis que devem ser incluídos no modelo. A estratégia mais intuitiva consiste em criar uma lista de todos os conceitos relevantes e eliminar os insignificantes. Na segunda etapa, devem ser identificadas todas as relações diretas de causa-efeito entre os restantes conceitos, incluindo as suas direcções. Normalmente, isto é feito concentrando-se num par de conceitos de cada vez e, assim, o perito é libertado da tarefa de encontrar relações de causa-efeito ocultas ou indirectas. Estas relações tornam-se evidentes mais tarde, através de análises efectuadas com o MFC completo. Estas duas primeiras etapas resultam numa conceção estrutural que consiste num gráfico com nós e arestas direcionadas. O principal desafio no desenvolvimento de MCF com base em peritos consiste em estimar com precisão a força das relações. Constatamos que o número de pesos apresenta um crescimento quadrático com o número de conceitos, o que pode levar a dificuldades no desenvolvimento de mapas com várias dezenas de conceitos. De acordo com o artigo original (Kosko, 1986), cada valor da força da relação (peso) é expresso por um número real do intervalo [-1, 1]. O valor 0 denota a ausência de relação e é implicitamente atribuído no final da segunda etapa. Valores absolutos mais elevados representam relações mais fortes, enquanto o sinal define o tipo: promotoras (números positivos) ou inibidoras (números negativos). Teoricamente, cada peso pode assumir um número infinito de valores. Por conseguinte, esta etapa é potencialmente suscetível de interpretação subjectiva por parte de um determinado perito. Uma prática comum para facilitar a estimativa dos valores dos pesos consiste em descrever primeiro cada relação através de um termo linguístico e, em seguida, transformar esses termos em valores numéricos. O trabalho correspondente pode ser dividido nas três etapas seguintes (Kosko, 1986; Khan e Quaddus, 2004)

1.   Determinar o sinal de cada relação.

2.   Descrever cada relação através de termos linguísticos, por exemplo, fraco, médio, forte e muito forte.

3.   Mapeamento dos termos linguísticos para valores numéricos, por exemplo, fraco para 0,25, médio para 0,5, forte para 0,75 e muito forte para 1,0.

A utilização de expressões linguísticas para descrever os graus de causalidade nas relações permite que os peritos evitem a difícil tarefa de especificar os valores numéricos exactos antes de se estabelecer um projeto de modelo. Além disso, os procedimentos analíticos, como o Analytical Hierarchy Process (Saaty, 1980), podem ser úteis para encontrar os valores numéricos utilizados na última etapa do procedimento de estimativa dos pesos.

Métodos automatizados e semi-automatizados para o desenvolvimento de FCM

Os métodos computacionais para o desenvolvimento de Mapas Cognitivos Fuzzy utilizam dados disponíveis e um algoritmo de aprendizagem para desenvolver ou apoiar o desenvolvimento do modelo correspondente. Uma vez que utilizam dados disponíveis para aprender o modelo, são classificados como *modelação indutiva*. Foram propostos vários métodos no âmbito deste quadro de investigação.

Os problemas associados ao desenvolvimento manual de MCF incentivam os investigadores a trabalhar em métodos computacionais automatizados ou semi-automatizados para aprender a estrutura do MCF, ou seja, as relações casuais (arestas) e os seus pontos fortes (pesos) utilizando dados históricos. Os métodos semi-automatizados ainda requerem uma intervenção humana relativamente limitada, enquanto as abordagens totalmente automatizadas são capazes de calcular um modelo FCM unicamente com base em dados históricos, ou seja, sem qualquer interferência humana. A pesquisa bibliográfica indica que foram recentemente propostos vários algoritmos para a aprendizagem da estrutura do modelo FCM. Em geral, são utilizados dois paradigmas principais de aprendizagem: Aprendizagem Hebbian e algoritmos genéticos. Dickerson e Kosko propuseram uma lei simples de Aprendizagem Hebbiana Diferencial (DHL) para ser aplicada à aprendizagem de MFC.

Processo de inferência do FCM

Uma vez desenvolvido o modelo FCM, este pode ser utilizado para completar simulações, utilizando o seu modelo de execução. O estado desse modelo é determinado pelos valores de todos os seus conceitos num dado instante de tempo (iteração). Cada valor representa o grau em que o conceito correspondente está ativo. Dado que o FCM é constituído por N nós, durante cada iteração o estado do modelo é totalmente descrito por um *vetor de estado* N-dimensional. Os valores dos conceitos mudam à medida que a simulação avança e são regidos pela seguinte fórmula:

$$C_j \ (t + 1) = f \left(\sum_{i=1}^{N} e_{ij} C_i \right) \forall \ j = 1 , 2 ,.. N \ (1)$$

em que $C_i \ (t)$ é o valor do nó i^{th} na iteração t^{th} , eij é o peso da aresta (força da relação) do conceito C_i para o conceito C_j , t é a iteração correspondente, N é o número de conceitos e f é a função de transformação (transferência). Muitos investigadores utilizam uma restrição em que nenhum dos conceitos tem feedback, ou seja, $e_{ii} = 0$ para $i=1,...,N$. No ponto de partida da simulação, é necessário definir os valores iniciais do vetor de estado. Os vectores de estado sucessivos são calculados iterativamente utilizando (1). É utilizada uma função de transformação para normalizar os valores do conceito para um determinado intervalo. Para a maioria dos modelos referidos na literatura, este intervalo é [0, 1]. Os valores reflectem o grau de ativação de um determinado conceito. Ao aplicar uma função de transformação não linear, perdem-se as análises quantitativas, mas é possível comparar os níveis de ativação de diferentes conceitos. Os resultados da simulação e os cenários dependem diretamente do tipo de função de transformação aplicada. As funções *de saída discreta*, (1.1.2) ou (1.1.3), conduzem a simulação para um *padrão oculto* ou para um *atrativo de ponto fixo*. O primeiro termo refere-se a uma situação em que o vetor de estado se torna fixo numa determinada iteração. O segundo descreve um cenário em que o sistema continua a alternar entre um número fixo de estados. Quando a função de transformação é do tipo *saída contínua*, pode resultar num *atrativo caótico*. Isto significa que o sistema produz vectores de estado diferentes em iterações sucessivas.

Revisão da literatura

Os mapas cognitivos difusos têm sido utilizados em numerosas áreas de investigação e industriais. Podem ser divididos em aplicações em medicina, ciências da terra e do ambiente, engenharia e economia, negócios e gestão. A amplitude e o número de aplicações constituem uma motivação para a investigação proposta, pelo que, nas subsecções seguintes, é apresentado um breve resumo das aplicações selecionadas, organizadas por ordem cronológica para cada domínio de aplicação

Aplicações de engenharia

* Utilização de mapas cognitivos difusos para a análise dos modos de falha e dos efeitos (Pelaez *et al.*, 1996).

* Modelação da supervisão dos sistemas de fabrico (Stylios *et al.*, 1999).

* Avaliação do desempenho do intercâmbio eletrónico de dados (EDI) (Lee *et al.*, 2004).

* Correspondência de estereovisão (Pajares *et al.*, 2006).

* Avaliação dos factores de fiabilidade humana (Bertolini, 2007).

* Criação de uma conceção baseada no conhecimento causal dos controlos EDI (Lee *et al.*, 2007)

Planeamento estratégico

* Simulação dos sistemas de informação de um processo de planeamento estratégico (Kardaras *et al.*, 1999).

* Aplicação de conjuntos difusos e mapas cognitivos para incorporar cenários de ciências sociais em modelos de avaliação integrada (um estudo de caso da urbanização em Ujung Pandang) (Kok *et al.*, 2000).

* Modelar questões e situações políticas e estratégicas e apoiar o processo de tomada de decisão, tendo em vista uma crise iminente (Andreou *et al.*, 2005).

- Previsão das consequências socioeconómicas da privatização ao nível da empresa com mapeamento cognitivo difuso (Coban *et al.*, 2005).

Tecnologia da informação

- Amplificação da inferência da extração de dados da Web (Lee *et al.*, 2002).

- Explorar o mapeamento cognitivo difuso para a avaliação dos SI (Irani *et al.*, 2002).

- Geração automática de semântica de documentos para a ciência eletrónica (Zhuge *et al.*, 2006).

- Modelação de projectos de TI (Rodriguez-Repiso *et al.*, 2007).

- Modelação inteligente da maturidade do comércio eletrónico (Xirogiannis *et al.*, 2007).

Tomada de decisões, gestão de projectos e análise de investimentos

- Utilização de um mecanismo de inferência bidirecional baseado no FCM (uma aplicação à análise do investimento em acções) (Sung *et al.*, 1997).

- Utilização de FCMs para a gestão de relações no serviço de companhias aéreas (Kang

et al., 2004).

- Tomada de decisão multicritério com dependência e feedback (Yu *et al.*, 2006).

Medicina

- Utilização de FCMs no planeamento do tratamento de radioterapia para estimar a dose de radiação (Papageorgiou *et al.*, 2003a).

- Diagnóstico médico fuzzy assistido por computador (Innocent *et al.*, 2004).

- Diagnóstico diferencial de uma perturbação específica da linguagem

(Georgopoulos *et al.*, 2001; Georgopoulos *et al.*, 2003; Georgopoulos *et al.*, 2005;

Georgopoulos e Stylios, 2008; Stylios e Georgopoulos, 2008).

• Diagnóstico médico assistido por computador para a caraterização de tumores (Papageorgiou *et al.*, 2006, Papageorgiou *et al.*, 2008a).

• Integração da ciência convencional e das perspectivas aborígenes sobre a diabetes (Giles *et al.*, 2007).

• A aplicação do FCM para modelar o problema das infecções pulmonares durante a admissão de um doente no hospital ou na Unidade de Cuidados Intensivos (Papageorgiou *et al.*, 2009).

Ambiente/Ecologia/Terreno

• Aplicação de FCMs a factores que afectam a reologia do chorume (Banini e Bearman, 1998).

• Desenvolvimento de sistemas de informação geográfica (Liu *et al.*, 2003).

• Prever a riqueza de espécies vegetais numa floresta gerida (Skov *et al.*, 2003).

• Criação de uma abordagem de modelo de sistemas complexos para a avaliação quantificada de recursos minerais (Gettings *et al.*, 2004).

• Geração de modelos ecológicos baseados no conhecimento (uma abordagem de mapeamento cognitivo difuso em várias etapas) (Ozesmi U. e Ozesmi, 2004).

• Uma abordagem orientada por FCM para a implementação do apoio especializado à decisão no domínio da conceção urbana (Xirogiannis *et al.*, 2004).

• Modelação e análise participativas para a gestão sustentável das florestas (panorâmica geral da dinâmica dos sistemas flexíveis, da política florestal e da economia) (Mendoza *et al.*, 2006).

Outras áreas de aplicação

As aplicações dos FCM não se limitam aos domínios enumerados nas quatro últimas subsecções. Também têm sido utilizadas noutros domínios. Chen e Huang (Chen e

Huang, 1995a; Chen e Huang, 1995b) estudaram a heurística da guarda no xadrez chinês utilizando FCMs. Perusich (Perusich, 1996; Perusich e McNeese, 2005) investigou a aplicação de FCM como analista inteligente em caso de ataque terrorista. Várias publicações apresentaram aplicações de MFC no domínio da educação (Cole e Persichitte, 2000; Georgiou e Makry, 2004; Hossain e Brooks, 2008; Salmeron, 2009). Os FCMs também foram aplicados em ciências políticas (Tsadiras *et al.*, 2001; Andreou *et al.*, 2005), reconhecimento de padrões (Hu *et al.*, 2004; Pajares e De la Cruz, 2006; Papakostas *et al.*, 2008), classificação de documentos (Peng *et al*, 2008; Zhou e Zhang, 2008), previsão da estrutura de proteínas (Kurgan *et al.*, 2007; Nguyen *et al.*, 2008), previsão de séries temporais (Stach *et al.*, 2008a) e planeamento militar (Yaman e Polat, 2009). As aplicações mais recentes incluem a modelização de agro-ecossistemas (Rajaram e Das, 2010), a atividade criovulcânica em Titã (Furfaro *et al.*, 2010) e o planeamento da defesa no combate ao terrorismo (Akgun *et al.*, 2010).

O resumo acima das aplicações dos MCA indica que os investigadores utilizam esta técnica de modelação em várias disciplinas, demonstrando a sua adaptabilidade e flexibilidade. O número de publicações recentes mostra que existe um interesse contínuo nos Mapas Cognitivos Difusos, o que motiva e racionaliza a continuação da investigação nesta área.

Vantagens da FCM e FRM

Os FCM têm várias vantagens, bem como algumas desvantagens. A principal vantagem deste modelo é simples. Funciona com base nas opiniões dos peritos. Quando os dados são não-supervisionados, o FCM é

útil. Esta é a única técnica difusa conhecida que fornece o padrão oculto da situação. Como temos uma teoria muito conhecida, que afirma que a força dos dados depende do número de opiniões dos peritos, podemos utilizar FCMs combinados com várias opiniões de peritos.

Ao mesmo tempo, a desvantagem do FCM combinado é quando os pesos são 1 e -1 para o mesmo *Ci Cj*. A soma é igual a zero. Assim, em qualquer altura, as matrizes de ligação E1,..., Ek podem não ser confortáveis para a adição. Este problema será facilmente ultrapassado se as entradas da MFC forem apenas 0 e 1.

As principais vantagens dos mapas cognitivos difusos incluem:

- a capacidade de permitir processos de feedback (Kosko, 1987),

- a capacidade de lidar com muitas variáveis que podem não estar bem definidas (Kosko, 1986),

- capacidade de modelar relações entre variáveis que não são conhecidas com certeza, mas que podem ser descritas em graus como um pouco ou muito (Kosko, 1986),

- capacidade de modelizar sistemas em que a informação científica é limitada, mas em que estão disponíveis conhecimentos especializados e/ou locais,

- A facilidade e a rapidez com que os mapas cognitivos podem ser obtidos (Kosko, 1992a,b; Taber, 1991) e a obtenção de resultados semelhantes com amostras de menor dimensão, em comparação com outras técnicas (Ozesmi, 2001a),

- facilidade e rapidez com que muitas fontes de conhecimento diferentes podem ser combinadas (Kosko, 1992a), incluindo conhecimentos especializados e locais,

*   facilidade e rapidez de modelação do sistema e o efeito das diferentes opções políticas.

Limitações

As limitações dos mapas cognitivos difusos e dos mapas relacionais são as seguintes

* os conhecimentos, a ignorância, as concepções erradas e os preconceitos dos entrevistados estão todos codificados nos mapas (Kosko, 1992b), a menos que essas presumíveis ignorâncias e concepções erradas sejam objeto de estudo,

* Embora os "e se" possam ser modelados em MCA, os "porquês" não podem ser determinados (Kim e Lee, 1998),

* não fornecem estimativas de parâmetros de valor real ou testes estatísticos inferenciais (Craiger *et al.*, 1996),

* falta de um conceito de tempo (Schneider *et al.*, 1998); ou seja, não podem modelar o comportamento transiente (Hobbs *et al.*, 2002),

* não podem lidar com a coocorrência de causas múltiplas, como as expressas por -e condições (Schneider *et al.*,1998),

* As declarações -if, then não podem ser codificadas.

A primeira limitação pode ser parcialmente ultrapassada através da junção de muitos mapas cognitivos. Ao combinar os mapas de muitos peritos ou de pessoas locais informadas, a exatidão do mapa pode ser melhorada. A lei forte dos grandes números garante que a estimativa do conhecimento melhora com o número de peritos, se estes forem considerados fontes de conhecimento aleatórias independentes (únicas) com variância finita (incerteza limitada) e distribuição idêntica (foco no mesmo domínio problemático) (Dickerson e Kosko, 1994).

A segunda limitação, que é o facto de os MCA não mostrarem os "porquês", pode ser parcialmente ultrapassada examinando os diagramas de interpretação cognitiva, onde é mais fácil traçar as relações causais de variável para variável. Podemos ver quais são as relações causais mais importantes e como as variáveis afectam outras variáveis.

Motivação da investigação

Em termos práticos, devemos estar conscientes de que, mesmo no nosso dia a dia, a indeterminação e a imprevisibilidade da vida nos afectam quase tanto como os factores determinados. É uma grande desvantagem na modelação matemática o facto de só podermos atribuir pesos a conceitos conhecidos; e, na maior parte das vezes, mostramos despreocupação pelas relações indeterminadas entre conceitos, apresentando assim a nós próprios uma visão enviesada. A motivação por detrás do presente trabalho foi a constatação de que, com a incerteza e a indeterminação dos conceitos de cuidados de saúde, os conceitos de cuidados de saúde são mais complexos do que os conceitos conhecidos. O Mapa Cognitivo Fuzzy é uma das melhores ferramentas de tomada de decisão na análise do problema dos cuidados de saúde. Os seguintes trabalhos também nos motivaram a escolher esta área de investigação.

Os trabalhos de Vasantha Kandasamy *et al.* sobre Fuzzy Cognitive Maps e FRM inspiram-nos a utilizar a ferramenta para este trabalho de investigação. Outra motivação são os trabalhos de Papageorgiou e dos seus colaboradores nos domínios das aplicações médicas e biomédicas para modelar o conhecimento médico e analisar processos médicos complexos utilizando FCM. Assim, os trabalhos de Vasantha Kandasamy e Papageorgiou motivaram-nos a realizar este trabalho de investigação.

Introdução

Os sectores de produção (SP) são, de facto, a espinha dorsal do crescimento de qualquer nação. Por conseguinte, há que concentrar várias estratégias de aceleração do crescimento do sector da produção para preparar o caminho para o seu desenvolvimento. Atualmente, os clientes esperam produtos únicos e inovadores. A atitude de realização instantânea está a ganhar grande importância entre os clientes, o que está a emergir como um grande desafio para o PS. Hoje em dia, as pessoas estão a ser atraídas pelo comércio eletrónico e adaptadas à digitalização. O objetivo central destas duas tácticas electrónicas é a instância. Neste cenário atual, os sectores de produção têm de incorporar estas tácticas para a sua sustentação tenaz. O comércio eletrónico e a digitalização chegaram praticamente a pessoas de todos os níveis económicos, pelo que a inculcação destas duas tácticas na configuração dos sectores de produção será altamente benéfica para esta sociedade da Internet.

O inventário é uma reserva inoperante que é mantida para satisfazer as necessidades. A origem do modelo de inventário remonta a 1913. A necessidade de formular modelos de inventário é encontrar a quantidade da encomenda e o momento em que a encomenda deve ser efectuada. Estes modelos foram alargados aos modelos de inventário de produção, tendo em conta a escassez, a acumulação, os descontos, o comércio, a deterioração dos artigos e a crise ambiental, com base nas necessidades. Estes modelos são transformados em modelos probabilísticos, estocásticos e difusos, variando a natureza dos parâmetros de entrada. Chegou agora o momento de enquadrar o modelo de inventário eletrónico, uma vez que o surto de comércio eletrónico está a ganhar muita importância nos dias que correm. Os elementos favoráveis do comércio eletrónico são as múltiplas opções de pagamento, o envio, a aquisição imediata, a comparação de produtos, a facilidade de devolução, a ausência de locomoção e o serviço de apoio ao cliente. O comércio eletrónico é a venda ou compra de bens ou serviços efectuada através de redes informáticas por métodos especificamente concebidos para receber ou fazer encomendas. Embora os bens ou serviços sejam encomendados eletronicamente, o pagamento e a entrega final dos bens ou serviços não têm de ser efectuados em linha. Uma transação de comércio eletrónico pode ser efectuada entre empresas, agregados familiares, indivíduos, governos e outras organizações públicas ou privadas. Incluem-se nestas transacções electrónicas as encomendas feitas através da Web, da extranet ou do intercâmbio eletrónico de dados. O tipo de transação efectuada é definido pelo método de colocação da encomenda. Normalmente, excluem-se as encomendas feitas por chamadas telefónicas, fax ou correio eletrónico escrito manualmente. Muitas pequenas e médias empresas (PME) dos países em desenvolvimento têm a possibilidade de beneficiar enormemente da telefonia móvel, da Internet e de outras formas de tecnologias da informação e da comunicação (TIC) nas suas actividades comerciais quotidianas. Isto já resultou num aumento da produtividade em vários domínios. A primeira década do novo milénio assistiu a uma mudança profunda e a um aumento dramático da forma como as empresas e o comércio se processam eletronicamente. Todos os dias, mais utilizadores nos países menos desenvolvidos e em desenvolvimento acedem à Internet através de terminais. Uma percentagem crescente de utilizadores acede agora também à Web através da tecnologia móvel. Prevê-se que a Internet e, em especial, a utilização de aplicações móveis se expandam exponencialmente nas próximas décadas. Existe um enorme potencial de utilização das TIC para contribuir para o progresso social e económico dos países em desenvolvimento em todo o mundo. Existem inúmeros tipos de transacções comerciais que ocorrem em linha, desde a compra de bens, como livros ou vestuário, até à aquisição de serviços, como bilhetes de avião ou reservas de hotel ou de aluguer de automóveis.

O sector do comércio eletrónico registou um crescimento sem precedentes em 2014. O crescimento foi impulsionado pela rápida adoção de tecnologia, conduzida pela utilização crescente de dispositivos como smartphones e tablets, e pelo acesso à Internet através de banda larga, 3G, etc., o que levou a um aumento da base de consumidores em linha. Além disso, a demografia favorável e uma base crescente de utilizadores da Internet contribuíram para este crescimento. Em termos de destaques, o crescimento demonstrado pelos operadores nacionais, como Flipkart e Snapdeal, e o enorme interesse dos investidores em torno destas empresas revelaram o imenso potencial do mercado. Com a entrada de gigantes do comércio eletrónico como a Amazon e a Alibaba, espera-se que a concorrência se intensifique ainda mais. Estes dois operadores internacionais têm bolsos fundos e a paciência necessária para impulsionar o mercado indiano do comércio eletrónico. Além disso, o seu forte conhecimento do domínio e as melhores práticas resultantes da sua experiência internacional conferem-lhes uma vantagem adicional. Além disso, estas empresas fizeram parte de mercados onde assistiram à evolução do mercado do comércio eletrónico e estão conscientes dos desafios e das estratégias para os resolver. As empresas indianas estão conscientes deste facto e, por conseguinte, pretendem continuar a concentrar-se na expansão dos vendedores e da seleção nas suas plataformas, inovando em múltiplos pontos de contacto com o cliente e fornecendo serviços de entrega rápidos e sem descontinuidades, a fim de competir com as entidades internacionais. Prevê-se que a concorrência continue, com estas empresas de comércio eletrónico a experimentarem diferentes formas de atrair clientes e aumentar o tráfego em linha. O ambicioso projeto Digital India do governo indiano e a modernização dos Correios da Índia também afectarão o sector do comércio eletrónico. O projeto Digital India visa oferecer um balcão único para os serviços governamentais que terá o telemóvel como espinha dorsal do seu mecanismo de entrega. O programa dará um forte impulso ao mercado do comércio eletrónico, uma vez que levar a Internet e a banda larga aos cantos mais remotos do país dará origem a um aumento do comércio e a um armazenamento eficiente, além de constituir um mercado potencialmente enorme para a venda de mercadorias. Para os Correios da Índia, o governo está interessado em desenvolver o seu canal de distribuição e outros serviços relacionados com o comércio eletrónico como um importante modelo de receitas, especialmente quando os Correios da Índia transaccionaram negócios no valor de 280 crore INR no segmento de pagamento contra entrega (CoD) para empresas como Flipkart, Snapdeal e Amazon. Estes dois projectos terão um impacto significativo no aumento do alcance dos operadores de comércio eletrónico em áreas geralmente não servidas, impulsionando assim o crescimento. A oportunidade global de venda a retalho na Índia é substancial e, juntamente com um dividendo demográfico (população jovem, aumento do nível de vida e classe média com mobilidade ascendente) e o aumento da penetração da Internet, espera-se um forte crescimento do comércio eletrónico. Do ponto de vista do investimento, o mercado é essencialmente um mercado de participações minoritárias, com o máximo de tração nas operações em fase inicial. Este financiamento na fase inicial ajudará as empresas a desenvolverem uma base sólida a partir da qual poderão começar. Com perspectivas de mercado tão fortes e uma comunidade de investidores igualmente otimista, esperamos que muitas mais empresas de comércio eletrónico da Índia entrem no cobiçado clube dos mil milhões de dólares.

O estado atual da nossa nação está a ser atualizado para a digitalização das tendências convencionais com o desenvolvimento da tecnologia que suporta cada fase das abordagens contemporâneas. As actividades relacionadas com a economia e as finanças, os pilares do crescimento da nossa nação, estão a passar de uma tendência mecânica para uma tendência maquinada; recentemente, a nação indiana está a assistir a várias mudanças no sistema existente que visa o crescimento global. Os especialistas acreditam firmemente que a capacitação de uma nação depende da improvisação dos aspectos técnicos e o reflexo disso é a propaganda do slogan DIGITAL INDIA. Este slogan é alterado com a convicção da ocorrência de imensas transições nos fenómenos actuais. Por conseguinte, a integração do comércio eletrónico com a digitalização contribuiria para o crescimento dos sectores de produção em todas as dimensões.

Este artigo tem como objetivo determinar as consequências relacionais combinadas do comércio eletrónico e da digitalização nos sectores de produção. Para lidar com as situações de incerteza, são utilizados mapas relacionais difusos com pesos nãoagonais. Os mapas relacionais difusos são normalmente utilizados para determinar as associações, mas neste artigo foram feitos esforços para efetuar a análise com mapas relacionais nãoagonais. O artigo está estruturado da seguinte forma: a secção 2 é composta por conceitos relacionados com o trabalho, a secção 3 explica a metodologia, a secção 4 elucida a adaptação do método ao problema, a secção 5 é composta por discussões e a secção 6 conclui o trabalho.

Mapas Relacionais Fuzzy e conceitos relacionados

Os Mapas Relacionais Fuzzy (FRM) são muito semelhantes aos Mapas Cognitivos Fuzzy (FCM), mas no FCM a associação dos conceitos pertence ao mesmo domínio, enquanto no FRM a associação é tratada com os conceitos de domínio e espaço de alcance. As conotações entre duas esferas diferentes são tidas em consideração. Um FRM é um gráfico dirigido que associa os conceitos de domínio e de espaço de alcance com nós como conjuntos difusos e arestas com pesos simples ou pesos difusos. Um FRM cíclico contém ciclos que indicam a existência de feedback que, por sua vez, ajuda a encontrar o ponto fixo.

Os preliminares básicos comuns ao FRM e ao FCM são os seguintes:

Mapa cognitivo difuso

Um Mapa Cognitivo Fuzzy (FCM) é um gráfico direcionado com conceitos como políticas, eventos, etc. como nós e causalidades como arestas. Representa a relação causal entre conceitos.

Nós difusos

Os nós do FCM são nós fuzzy se forem representados como conjuntos fuzzy.

Conjunto Fuzzy

Seja X um conjunto não vazio. Um conjunto fuzzy A em X é caracterizado pela sua função de afiliação A: $X \rightarrow [0,1]$, onde A(x) é interpretado como o grau de afiliação do elemento x no conjunto fuzzy A para cada $x \in X$

Número Fuzzy

Um conjunto fuzzy $\tilde{A}$ da reta real R com função de pertinência $\mu_A (x)$: $R \rightarrow [0,1]$ é designado por número fuzzy se

i) A deve ser um conjunto fuzzy normal e convexo;

ii) o suporte de $\tilde{A}$ deve ser limitado

iii) α_A deve ser um intervalo fechado para todo $\alpha \in [0,1]$

FCM simples

Os FCM com pesos de aresta ou causalidades do conjunto {-1, 0, 1} são designados FCM simples.

Força da relação

As arestas e_{ij} assumem valores no intervalo causal difuso $[-1,1]$. $e_{ij} = 0$ indica ausência de causalidade. $e_{ij} > 0$ indica aumento causal ou causalidade positiva. C_j aumenta à medida que C_i aumenta (ou C_j diminui à medida que C_i diminui). $e_{ij} < 0$ indica diminuição causal ou causalidade negativa. C_j diminui à medida que C_i aumenta (ou C_j aumenta à medida que C_i diminui). Os FCMs simples têm valores de borda em {-1, 0, 1}. Assim, se ocorrer causalidade, esta ocorre num grau máximo positivo ou negativo.

Matriz de adjacência do FCM

Considere os conceitos C_1, ..., C_n do FCM. Suponha que o grafo dirigido é desenhado utilizando o peso da aresta e_{ij} pertence a {0, 1, -1}. A matriz E é definida por $E = (e_{ij})$, em que o e_{ij} é o peso da aresta dirigida (C_i, C_j). E é designada por matriz de adjacência do FCM, também conhecida por matriz de ligação do FCM.

Vetor de estado instantâneo

Sejam C_1, C_2, . C_n sejam os nós de um FCM. Seja $A = (a_1, a_2, \ldots, a_n)$, onde ai pertence a {0, 1}. A é designado por vetor de estado instantâneo e denota a posição de desligamento do nó num dado instante.

$a_i = 0$ se *ai* estiver desligado

$a_i = 1$ se *ai* estiver ligado, para $i = 1, 2, \ldots, n$

FCM cíclico e acíclico

Sejam C_1, C_2, ..., C_n os nós de um FCM. Sejam $C_1 C_2$, $C_2 C_3$, ..., $C C_{ij}$,. as arestas do FCM (*i, toj*). Então, as arestas formam um ciclo dirigido. Diz-se que um FCM é cíclico se possuir um ciclo direcionado. Diz-se que um FCM é acíclico se não possuir nenhum ciclo dirigido.

Feedback

Diz-se que um FCM com ciclos tem um feedback.

Sistema Dinâmico

Quando as relações causais fluem através de um ciclo de forma revolucionária, o MFC é designado por sistema dinâmico.

Padrão oculto

Seja $C C_{12}$, $C_2 C_3$,.., $C C_{ij}$,. um ciclo quando C_i é ligado e se a causalidade flui através das arestas de um ciclo e se volta a causar C_i, dizemos que o sistema dinâmico dá voltas e voltas. Isto é verdade para qualquer nó C_i, para $i = 1, 2, ., n$. O estado de equilíbrio deste sistema dinâmico é designado por padrão oculto.

Um atrativo de ponto fixo do FCM

Se o estado de equilíbrio de um sistema dinâmico é um vetor de estado único, então é chamado um ponto fixo.

Considere-se um FCM com C_1, C_2, ., C_n como nós. Por exemplo, iniciemos o sistema dinâmico ligando C_1. Suponhamos que o FCM se estabiliza com C_1 e C_n ligados, ou seja, o vetor de estado permanece como $(1, 0, 0, . . ., 0, 1)$. Este vetor de estado $(1, 0, 0, ..., 0, 1)$ é designado por ponto fixo.

Ciclo limite

O FCM estabelece-se com um vetor de estado que se repete da seguinte forma $A_1 \rightarrow A_2 \rightarrow A_3 \rightarrow . . . A_1$. Uma sequência de estados FCM repete-se indefinidamente. Esta sequência é conhecida como um ciclo limite.

Um Atractor Caótico

O vetor de estado do FCM muda constantemente em cada iteração

Exemplo de FCM

A ilustração gráfica do FCM reflecte quais os conceitos que influenciam outros conceitos, mostrando as interligações entre conceitos e facilita sugestões na reconstrução do FCM, como a adição ou eliminação de uma interligação ou de um conceito. A força do peso W_{ij} indica o grau de influência entre o conceito C_i e o conceito C_j .

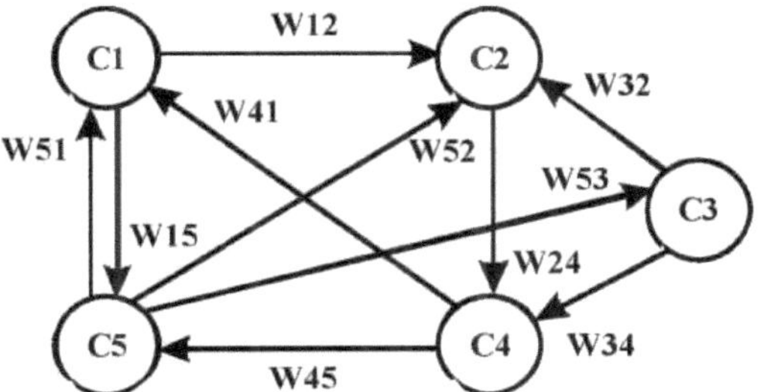

Algoritmo de Inferência do Mapa Cognitivo Fuzzy

Após a construção do modelo FCM, o algoritmo de inferência FCM, que consiste nas seguintes etapas, é utilizado para simular o processo e tomar as decisões necessárias sobre o mesmo.

Passo 1 Definição do vetor inicial ***C(t)*** que corresponde ao elemento - conceitos identificados pelas sugestões dos peritos e pelo conhecimento disponível.

Passo 2 Multiplicar o vetor inicial ***C(t)*** e a matriz **E** definida pelos peritos.

Passo 3 O vetor resultante ***C*** no passo de tempo *t+1* é atualizado

Passo 4 Este novo vetor ***C(t+1)*** é considerado como um vetor inicial na iteração seguinte.

Passo 5 Os passos 2-4 são repetidos até que ***C(t+1) - C(t)*** $\leq e = 0,001$ (em que *e* é um resíduo, que descreve a diferença mínima de erro entre os conceitos subsequentes) ou ***C(t+1) = C(t)***. Assim, ***C(f) = C(t+1)*** em que ***C(f)*** é o vetor final calculado no sistema em estado estacionário, representando o último estado a que se pode chegar

Fundamentos matemáticos da FCM

Matematicamente, um mapa cognitivo difuso *F* é um conjunto de 4 elementos (*C, E, C, f*) (Kosko, 1986), em que

1. $C = \{C_1, C_2, \ldots, C_n\}$ é o conjunto de *N* conceitos que formam os nós de um

grafo.

2. $E : (C_i , C_j) \to e_{ij}$ é uma função que associa e_{ij} a um par de conceitos (C_i, C_j), sendo e_{ij} igual ao peso da aresta dirigida de C_i para C_j onde $e_{ij} \in K = [-1, 1]$. Assim, $E(N \times N) = e_{ij} \in K^{N \times N}$ é a matriz de conexão.

3. $C : Ci \to Ci(t)$ é uma função que associa cada conceito Ci com a sequência dos seus graus de ativação tal que para $t \in N$, $Ci(t) \in L$ dado o seu grau de ativação no instante t. $C(0) \in L^N$ indica o vetor inicial e especifica valores iniciais de todos os nós do conceito e $C(t) \in L^N$ é um vetor de estado em determinada iteração t.

4. f é uma função de transformação, que inclui relação recorrente em $t \geq 0$ entre $C(t+1)$ e $C(t)$. $\forall j \in \{1, 2, \ldots , N\}$, sendo $f : R \to L$ é uma função de transformação de R para o conjunto de graus de ativação L que normaliza a ativação. A fórmula descreve um modelo funcional dos FCMs, que é utilizado para efetuar a simulação da dinâmica do sistema. A simulação consiste em calcular o estado do sistema, que é descrito por um *vetor de estado*, ao longo de um número de *iterações* sucessivas. O vetor de estado especifica os valores actuais de todos os conceitos (nós) numa determinada iteração. O valor de um determinado nó é calculado a partir da iteração anterior dos valores dos nós que exercem influência sobre o nó em causa através de uma relação de causa-efeito (nós que estão ligados ao nó em causa).

A *função de transformação* é utilizada para reduzir uma soma ponderada não limitada a um determinado intervalo, que é normalmente definido como [0, 1]. A normalização dificulta a análise quantitativa, mas permite comparações entre nós, que podem ser definidos como activos (valor de 1), inactivos (valor de 0), ou activos até um certo grau (valor entre 0 e 1). São utilizadas as três funções de transformação mais utilizadas.

em que c é um parâmetro utilizado para determinar o grau de fuzzificação da função. Tsadiras (Tsadiras, 2008) efectuou recentemente uma comparação de diferentes funções de transformação para os MFC. Inclui avaliações de desempenho de diferentes funções, no que diz respeito à natureza do problema, às capacidades de representação necessárias do problema e ao nível de inferência exigido pelo caso. No geral, a *função logística* foi considerada a mais flexível e eficaz para fornecer uma descrição exacta da dinâmica do sistema modelado. Por isso, nesta dissertação, a maior parte das experiências são efectuadas com a função de transformação logística.

Número Fuzzy não horizontal

Os especialistas em fuzzy definiram muitos tipos de números fuzzy, sendo os mais comuns os triangulares e os trapezoidais, e também definiram as funções de filiação de tipos mais elevados de números fuzzy para fazer face a circunstâncias imprecisas. Neste documento, os números difusos nãoagonais são considerados para estudo.

Um número Fuzzy não-agonal é definido como $(a_1, a_2, a_3, a_4, a_5, a_6, a_7, a_8, a_9)$ e a função de afiliação é definida como

$$
\mu D(x) = \begin{cases}
\dfrac{1}{4}\dfrac{x-a_1}{a_2-a_1}, & a_1 \le x \le a_2 \\[2mm]
\dfrac{1}{4}+\dfrac{1}{4}\dfrac{x-a_2}{a_3-a_2}, & a_2 \le x \le a_3 \\[2mm]
\dfrac{1}{2}+\dfrac{1}{4}\dfrac{x-a_3}{a_4-a_3}, & a_3 \le x \le a_4 \\[2mm]
\dfrac{3}{4}+\dfrac{1}{4}\dfrac{x-a_4}{a_5-a_4}, & a_4 \le x \le a_5 \\[2mm]
1-\dfrac{1}{4}\dfrac{x-a_6}{a_7-a_6}, & a_5 \le x \le a_6 \\[2mm]
\dfrac{3}{4}-\dfrac{1}{4}\dfrac{x-a_7}{a_7-a_6}, & a_6 \le x \le a_7 \\[2mm]
\dfrac{1}{2}-\dfrac{1}{4}\dfrac{x-a_8}{a_8-a_7}, & a_7 \le x \le a_8 \\[2mm]
\dfrac{1}{4}\dfrac{a_9-x}{a_9-a_8}, & a_8 \le x \le a_9 \\[2mm]
0, & \text{Otherwise}
\end{cases}
$$

A função de afiliação do número fuzzy não-agonal é representada a seguir

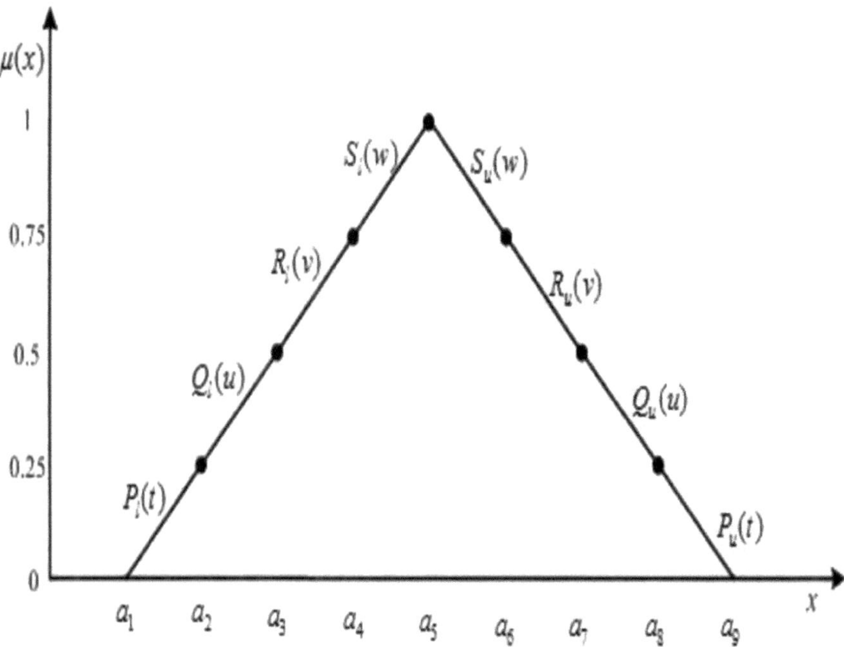

μ(x)
1
0.75
0.5
0.25
0
S_l(w)
S_u(w)
R_l(v)
R_u(v)
Q_l(u)
Q_u(u)
P_l(t)
P_u(t)
x
a_1
a_2
a_3
a_4
a_5
a_6
a_7
a_8
a_9

A nova abordagem dos mapas relacionais difusos com pesos nãoagonais

F1, F2,...Fm e G1, G2,...Gn representam os nós do FRM. A associação entre os nós é expressa em termos de variáveis linguísticas que são quantificadas com números fuzzy nãoagonais. A matriz relacional R é obtida a partir da representação gráfica da FRM. A matriz média R_{Avg} é obtida a partir de R. O vetor de entrada X é tomado e é passado para a matriz R_{Avg}. O vetor resultante é o limiar e é novamente passado para a R_{Avg}^T . Os passos são repetidos alternadamente até à chegada do ciclo limite.

Adaptação do problema ao NRFM

Os atributos do comércio eletrónico e da digitalização foram premeditados por vários académicos. A integração destes dois pilares tecnológicos com os sectores de produção no contexto das associações matemáticas é um esforço inventivo.

Os atributos do comércio eletrónico são os seguintes

F1 - Alta Ubiquidade

F2 - Alcance global rápido

F3 - Normas universais muito elevadas

F4 - Riqueza

F5 - Maior interatividade

F6 - Elevada densidade de informação

F7 - Personalização

Os atributos da digitalização são os seguintes

G1 -Robusto

G2 - Comunicação rápida

G3 - Tecnologia inventiva

G4- Transação rápida

G5 - Acessos acessíveis

A matriz relacional R é determinada a partir das relações existentes entre os atributos Fm's e Gn's.

Fig.1. Representação gráfica da associação dos atributos

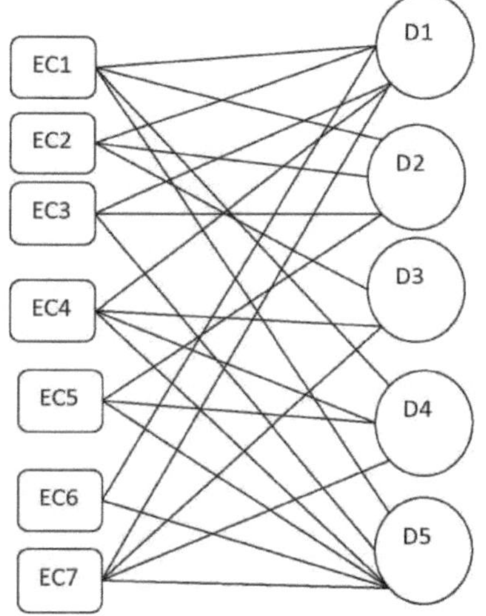

Os conceitos tomados para o estudo têm termos linguísticos e os seus valores estão tabelados abaixo

Linguística Variáveis	Valores não-agonais
Sem influência (NI)	(0, 0, 0, 0, 0, 0.03, 0.07, 0.11, 0.15)
Influência muito baixa (VL)	(0, 0.03, 0.07, 0.11, 0.15, 0.19, 0.23, 0.27)

Baixa influência (L)	(0.15, 0.19, 0.23, 0.27, 0.31, 0.35, 0.39, 0.43, 0.47)
Influência moderada (M)	(0.31, 0.35, 0.39, 0.43, 0.47, 0.51, 0.55, 0.59, 0.63)
ElevadoModerado Influência (HM)	(0.47, 0.51, 0.55, 0.59, 0.63, 0.67, 0.71, 0.75, 0.79)
Influência elevada (H)	(0.63, 0.67, 0.71, 0.75, 0.79, 0.83, 0.87, 0.91, 0.95)
Influência muito elevada (VH)	(0.79, 0.83, 0.87, 0.91, 0.95, 0.99, 1, 1, 1)

	G1	G2	G3	G4	G5
F1	(0.47, 0.51, 0.55, 0.59, 0.63, 0.67, 0.71, 0.75, 0.79)	(0.63, 0.67, 0.71, 0.75, 0.79, 0.83, 0.87, 0.91, 0.95)	(0, 0, 0, 0, 0, 0.03, 0.07, 0.11, 0.15)	(0.63, 0.67, 0.71, 0.75, 0.79, 0.83, 0.87, 0.91, 0.95)	(0.79, 0.83, 0.87, 0.91, 0.95, 0.99, 1, 1, 1)
F2	(0.63, 0.67, 0.71, 0.75, 0.79, 0.83, 0.87)	(0.63, 0.67, 0.71, 0.75, 0.79, 0.83, 0.87)	(0.63, 0.67, 0.71, 0.75, 0.79, 0.83, 0.87)	(0, 0, 0, 0, 0, 0.03, 0.07, 0.11, 0.15)	(0, 0, 0, 0, 0, 0.03, 0.07, 0.11, 0.15)

	0.91, 0.95)	0.91, 0.95)	0.91, 0.95)		
F3	(0.63, 0.67, 0.71, 0.75, 0.79, 0.83, 0.87, 0.91, 0.95)	(0.63, 0.67, 0.71, 0.75, 0.79, 0.83, 0.87, 0.91, 0.95)	(0, 0, 0, 0, 0, 0.03, 0.07, 0.11, 0.15)	(0, 0, 0, 0, 0, 0.03, 0.07, 0.11, 0.15)	(0.63, 0.67, 0.71, 0.75, 0.79, 0.83, 0.87, 0.91, 0.95)
F4	(0.63, 0.67, 0.71, 0.75, 0.79, 0.83, 0.87, 0.91, 0.95)	(0.63, 0.67, 0.71, 0.75, 0.79, 0.83, 0.87, 0.91, 0.95)	(0, 0, 0, 0, 0, 0.03, 0.07, 0.11, 0.15)	(0, 0.03, 0.07, 0.11, 0.15, 0.19, 0.23, 0.27)	(0.63, 0.67, 0.71, 0.75, 0.79, 0.83, 0.87, 0.91, 0.95)
F5	(0, 0, 0, 0, 0, 0.03, 0.07, 0.11, 0.15)	(0.63, 0.67, 0.71, 0.75, 0.79, 0.83, 0.87, 0.91, 0.95)	(0, 0, 0, 0, 0, 0.03, 0.07, 0.11, 0.15)	(0.79, 0.83, 0.87, 0.91, 0.95, 0.99, 1, 1, 1)	(0.63, 0.67, 0.71, 0.75, 0.79, 0.83, 0.87, 0.91, 0.95)
F6	(0.79, 0.83, 0.87, 0.91, 0.95, 0.99, 1, 1, 1)	(0, 0, 0, 0, 0, 0.03, 0.07, 0.11, 0.15)	(0, 0, 0, 0, 0, 0.03, 0.07, 0.11, 0.15)	(0, 0, 0, 0, 0, 0.03, 0.07, 0.11, 0.15)	(0.63, 0.67, 0.71, 0.75, 0.79, 0.83, 0.87, 0.91, 0.95)
F7	(0.15, 0.19, 0.23, 0.27, 0.31, 0.35, 0.39, 0.35, 0.39,	(0, 0, 0, 0, 0, 0.03, 0.07, 0.11, 0.15)	(0.31, 0.35, 0.39, 0.43, 0.47, 0.51, 0.55,	(0.63, 0.67, 0.71, 0.75, 0.79, 0.83, 0.87,	(0.79, 0.83, 0.87, 0.91, 0.95, 0.99, 1, 1,

$$
\begin{array}{llll}
0.43, & 0.59, & 0.91, & 1) \\
0.47) & 0.63) & 0.95)
\end{array}
$$

A matriz acima é a matriz modificada da matriz relacional R com os pesos nãoagonais.

A matriz média relacional R_{Avg} é

$$
\begin{array}{c|ccccc}
 & G1 & G2 & G3 & G4 & G5 \\
\hline
F1 & 0.63 & 0.79 & 0.04 & 0.79 & 0.93 \\
F2 & 0.79 & 0.79 & 0.79 & 0.04 & 0.04 \\
F3 & 0.79 & 0.79 & 0.04 & 0.04 & 0.79 \\
F4 & 0.79 & 0.79 & 0.04 & 0.12 & 0.79 \\
F5 & 0.04 & 0.79 & 0.04 & 0.93 & 0.79 \\
F6 & 0.93 & 0.04 & 0.04 & 0.04 & 0.79 \\
F7 & 0.31 & 0.04 & 0.47 & 0.79 & 0.93
\end{array}
$$

Let $X = (1000000)$

$X * R_{Avg} = (0.63\ 0.79\ 0.04\ 0.79\ 0.93)$ $(11111) = Y$

$Y * R_{Avg}^{T} = (3.18\ \ 2.45\ \ 2.45\ \ 2.53\ \ 2.59\ \ 1.84\ \ 2.54)$ $(1111111) = X1$

$X1 * R_{Avg} = (4.28\ \ 4.03\ \ 1.46\ \ 2.75\ \ 5.06)$ $(11111) = Y1$

$Y1 * R_{Avg}^{T} = (3.18\ \ 2.45\ \ 2.45\ \ 2.53\ \ 2.59\ \ 1.84\ \ 2.54)$ $(1111111) = X2$

Os pontos limite são (11111) e (1111111)

Let $X = (0100000)$

$X * R_{Avg} = (0.79\ \ 0.79\ \ 0.79\ \ 0.04\ \ 0.04)$ $(11111) = Y$

$Y * R_{Avg}^{T} = (3.18\ \ 2.45\ \ 2.45\ \ 2.53\ \ 2.59\ \ 1.84\ \ 2.54)$ $(1111111) = X1$

$X1 * R_{Avg} = (4.28\ \ 4.03\ \ 1.46\ \ 2.75\ \ 5.06)$ $(11111) = Y1$

$Y1 * R_{Avg}^{T} = (3.18\ \ 2.45\ \ 2.45\ \ 2.53\ \ 2.59\ \ 1.84\ \ 2.54)$ $(1111111) = X2$

Os pontos limite são (11111) e (1111111)

Repetindo o mesmo procedimento, obtém-se o seguinte padrão.

INPUT VECTOR	LIMIT POINT
(1000000)	(11111) & (1111111)
(0100000)	(11111) & (1111111)
(0010000)	(11111) & (1111111)
(0001000)	(11111) & (1111111)
(0000100)	(11111) & (1111111)
(0000010)	(11111) & (1111111)
(0000001)	(11111) & (1111111)

Discussão

O quadro acima indica claramente que cada conceito Fi na posição On influencia os outros Fj's e também se verifica a associação de Fi's com Gi's. Os pontos-limite finais explicam claramente que os atributos do comércio eletrónico e da digitalização estão altamente relacionados entre si e que estes atributos têm efeitos elevados no crescimento destes sectores de produção. As vantagens influentes da combinação destas duas estratégias são de maior importância.

Conclusão

Este artigo aborda os factores que constituem o crescimento dos factores de produção. Foram feitos esforços para desenvolver uma nova abordagem para determinar os impactos associativos destes conceitos uns sobre os outros. A análise da amálgama dos traços das tácticas tecnológicas é vital nestes dias de alta tecnologia. Os contributos destes dois pilares indomáveis para os sectores produtivos são mais elevados. O golpe da campanha da Índia digital também constituiu a Digitalização. Estas duas tácticas tornaram-se componentes tecnológicas inseparáveis dos sectores de produção.

Referências

[1] Alvin Chin, M. C. (2007). "Identifying communities in blogs:roles for social network analysis & survey instruments".International Journal of Web Based Communities, 3(3) :345-363.

[2] Del Pozo, M., Manuel, C., Gonzâlez-Aranguena, E., & Owen,G. (2011). Centralidade em redes sociais dirigidas. A GameTheoretic Approach. SocialNetworks.

[3] Freeman, L. C. (1978). Centrality in social networksconceptual clarification. Social Networks, 1(3),215-239.

[4] Jie Chen, YousefSaad, (2009). Encontrar subgrafos densos para grafos esparsos não dirigidos, dirigidos e bipartidos. Universidade de Minnestaat Twin cities, MN55455.

[5] Obiedat, M., S&hya, S., Strickert, G. (2011). Um novo método para identificar os nós centrais em mapas cognitivos difusos usando a medida de centralidade de consenso. 19th International Congresson Modeling & Simulation, Perth, Australia, 12-16,December, 1084-1091.

[6] Kosko, B. (1992a). Fuzzy associative memory systems, In:K&el A (Ed.). Fuzzy Expert Systems. CRC Press, Boca Raton,135-162.

[7] Kosko, B. (1992b). Neural Networks & Fuzzy Systems:A Dynamical Systems Approach to Machine Intelligence,Prentice- Hall, Englewood Cliffs,NJ.

[8] Herrera, F., Martinez, L. (2000b). Uma abordagem para a combinação de informação linguística e numérica baseada no modelo de representação linguística de 2 tuplas difusas na tomada de decisões. International Journal of Uncertainty Fuzziness & Knowledge-BasedSystems, 8(5) :539-562.

[9] Delgado, M., Verdegay, J. L., Vila, M. A. (1993). Operações de agregação de etiquetas linguísticas. International Journal ofIntelligent Systems,8(3):351-370.doi:10.1002/int.4550080303.

[10] Botafogo, R. A., Rivlin, E., &Shneiderman, B.(1992). Análise estrutural de hipertextos identificando hierarquias& métricas úteis. ACM Transactions on

Information Systems, 10(2): 142-180.

[11] J.Kaligarani, Nivetha Martin, M.Meenakshi, (2015), Causas da ansiedade matemática em estudantes de engenharia - uma análise usando mapas cognitivos difusos induzidos (IFCM) com TOPSIS, Global Journal of Pure & Applied Mathematics, 11 (5): pp 27052718.

[12] Nivetha Martin, J.Kaligarani, M.Meenakshi, (2015) Uma análise do erro de desempenho de condução usando a matriz Fuzzy Triangular quatro de sucesso e novo número hexagonal fuzzy em mapas Fuzzy Cognitivos. Jornal Internacional de Pesquisa em Engenharia Aplicada, Vol. 10 (85) pp 423-429.

[13] Nivetha Martin, P.P&iammal, Razões para o vício em redes sociais do adolescente e seu impacto na academia - uma análise usando o mapeamento relacional fuzzy vinculado induzido usando o número fuzzy hexagonal, Elixir, Tecnologia educacional, 2016, 41914-41917. Fator de Impacto: 6.025

[14] Tanner, C., & M. Christen. No prelo. Moral intelligence-A framework for underst&ing moral competences (Inteligência moral - um quadro para compreender as competências morais). Em Empirically informed ethics. Morality between facts & norms, ed., M. Christen, J. Fischer, M. Hupper. M. Christen, J. Fischer, M. Huppenbauer, C. Tanner, & C. van Schaik. Biblioteca de Ética e Filosofia Aplicada. Nova Iorque, NY: Springer.

[15] Trevathan, W. R. 2011. Human birth: An evolutionary perspective, 2.ª ed. Nova Iorque, NY: Aldine de Gruyt

[16] Stach, W., Kurgan, L. A., Pedrycz, W. (2005a). A Survey of Fuzzy Cognitive Map Learning Methods, In: Grzegorzewski, P., Krawczak, M., Zadrozny, S., (Eds.). Issues in Soft Computing: Theory and Applications, pp.71-84.

[17] Stach, W., Kurgan, L., Pedrycz, W. (2008a). Previsão numérica e linguística de séries temporais com a utilização de mapas cognitivos difusos. IEEE Transactions on Fuzzy Systems, 16(1) : 61-72.

[18] Stach, W., Kurgan, L. A., Pedrycz, W. (2010). Métodos computacionais e

baseados em especialistas para o desenvolvimento de mapas cognitivos difusos, In: Glykas, M., Fuzzy Cognitive Maps: Advances in Theory, Methodologies, Tools and Applications (Avanços na teoria, metodologias, ferramentas e aplicações), Springer.

[19] Stephen, S., Vivin Arokia Raj, T., Clement King, A. (2008). Análise dos problemas do mundo real utilizando Mapas Cognitivos Fuzzy Induzidos (IFCM).

[20] Stewart, L., Chapple, J., Hughes, A.R., Poustie, V., Reilly, J. J. (2008). O percurso dos pais no tratamento da obesidade dos seus filhos: estudo qualitativo. Arch Dis Child, 93: 35e9.

[21] Stylios, C. D., Georgopoulos, V. C., Groumpos, P. P. (1997). A Utilização de Mapas Cognitivos Fuzzy na Modelação de Sistemas. Procedimentos da 5ª Conferência Mediterrânica do IEEE sobre Controlo e Sistemas, Pafos, Chipre, 21-23 de julho de 1997.

[22] Stylios, C. D., Groumpos, P. P. (1999). A soft computing approach for modeling the supervisor of manufacturing systems. Journal of Intelligent and Robotic Systems, 26 : 389-403.

[23] Stylios, C. D., Groumpos, P. P. (1999). Formulação matemática de mapas cognitivos difusos. In Proceedings of the 7th Mediterranean Conference on Control and Automation (MED99), Haifa, Israel.

[24] Sung, K. C. L., Kim, S. (1997). Um mecanismo de inferência bidirecional baseado num mapa cognitivo difuso: uma aplicação à análise do investimento em acções. Sistemas Inteligentes em Contabilidade, Finanças e Gestão, 6: 41-57.

[25] Swarnalatha, N. et al. (2013). Um estudo epidemiológico de baixo peso ao nascer em um hospital de cuidados terciários, Tirupati, Andhra Pradesh. Int J Cur Res Rev., Ago./Vol. 05(16), 54-62.

[26] Sylvia Moody, Dyslexia and dyspraxia in adulthood: information for doctors and therapists (Dislexia e dispraxia na idade adulta: informação para médicos e terapeutas). symoody@aol.com.

[27] Taber, W. R. (1991). Processamento de conhecimento com mapas cognitivos

difusos. Expert Syst. Appl., 2 : 83-87.

[28] Taber, W. R., Siegel, M. A. (1987). Estimation of expert weights using fuzzy cognitive maps (Estimativa de pesos de especialistas usando mapas cognitivos difusos). In: Actas da Primeira Conferência Internacional do IEEE sobre Redes Neuronais (ICNN-86), pp.319-325.

[29] Tadros, A., Vergou, T., Stratigos, A. et al. (2011). Psoríase: será a ponta do icebergue para a qualidade de vida dos doentes e das suas famílias? Eur Acad Dermatol Venereol, 25 : 1282-1287.

[30] Tanasescu, M., Ferris, A. M., Himmelgreen, D. A., Rodriguez, N., Pe'rez-Escamilla, R. (2000). Biobehavioral factors are associated with obesity in Puerto Rican children. J Nutr., 130 : 1734-1817.

[31] Teunissen, D., Van Weel, C., Lagro-Janssen, T. (2005). Incontinência urinária em pessoas idosas que vivem na comunidade: análise do comportamento de procura de ajuda. Br J Gen Pract., 55:776-782. [PubMed: 16212853].

[32] Tolman, E. C. (1948). Cognitive maps in rats and men (Mapas cognitivos em ratos e homens). Psychol.Rev., 55 : 189-208.

[33]Tom Dent. (2010). Predicting the risk of coronary heart disease with conventional, genetic and novel molecular biomarkers, www.phgfoundation.org.

[34]Tsadiras, A. K., Margaritis, K. G. (1999). Um estudo experimental da dinâmica dos mapas cognitivos difusos do neurónio da certeza. Neurocomputing, 24 : 95116.

[35] Tsadiras, A. K., Margaritis, K. G. (1997). Mapeamento cognitivo e mapas cognitivos difusos de neurónios de certeza. Ciências da Informação, 101: 109-130.

[36] Tsadiras, A. K. (2008). Comparação das capacidades de inferência do mapa cognitivo difuso binário, trivalente e sigmoide. Ciências da Informação, 178 : 3880-3894.

[37]Usha Ramakrishnan. (2004). Nutrition and low birth weight: from research to practice, Norman Kretchmer Memorial Award in Nutrition and Development Lecture,

2003. Am J Clinical Nutrition, 79 : 17-21.

[38]Vasantha Kandasamy, W. B., Florentin Smarandache. (2003). Fuzzy Cognitive Maps and Neutrosophic Cognitive Maps, Copyright, 510E, Townley Ave, USA.

[39] Vasantha Kandasamy, W. B., Narayanamoorthy, S., Mary John. (2008). Study of problems faced by bonded labourers near Kodaikanal forests using FCMs, 2008.

[40] Vasantha Kandasamy, W. B., Indra, V. (2000). Aplicações de mapas cognitivos difusos para determinar a utilidade máxima de uma rota. Journal of Fuzzy Mathematics, 8(5) : 65-77.

[41] Vasantha Kandasamy, W. B., RamKishore, M. (1999). Modelo sintoma-doença em crianças utilizando FCM. Ultra Science, 11 : 318-324.

[42] Vibeke Anna, Hidde, P., Van Der Ploeg. (2008). Sociodemographic Correlates of the Increasing Trend in Prevalence of Gestational Diabetes Mellitus in a Large Population of Women between 1995 and 2005. Diabetes Care, 31 : 22882293.

[43] Victor Devadoss, A., Vijayakumar, G., Singye Namgyel. (2007). Sustainable development of Teacher Education in Bhutan (Desenvolvimento sustentável da formação de professores no Butão).

[44] Wahi, P., Dogra, V., Jandial, K. et al. (2011). Prevalência de diabetes mellitus gestacional (GDM) e seus resultados na região de Jammu. J Assoc. Physicians India, 59 : 227-230.

[45] Wang, Y. M., Elhag, T. M. S. (2006). Sobre a normalização de pesos intervalares e fuzzy. Fuzzy Sets and Systems, 157(8) : 2456-2471.

[46] Wilson, P. D., Bo, K., Hay-Smith, J., Nygaard, I., Staskin, D., Wyman, J., Bourcier, A. (2002). Tratamento conservador em mulheres. Em P. Abrams, L. Cardozo, S. Khoury, & A. Wein (Eds.), Incontinence (pp.571-624). Plymouth, Reino Unido: Health Publication Ltd.

[47] Organização Mundial de Saúde, (2000). Relatório sobre a vigilância global de doenças infecciosas com tendência epidémica. Tech-rep. WHO/CDS/CSR/ISR/

20001127, 2000.

[48] Organização Mundial de Saúde, (2011), Meningococcal meningitis, Tech-ep.2011,http//www.who.int/mediacentre/factsheets/fs141/en/.

[49] Organização Mundial de Saúde, (2012), Gabinete Regional para o Sudeste Asiático. Ficha informativa sobre hipertensão, http://www.searo.who.int/linkfiles/non communicable diseases hypertension - fs.pdf [abril de 2012].

[49] Xirogiannis, G., Stefanou, J., Glykas, M. (2004). Uma abordagem de mapa cognitivo difuso para apoiar a conceção urbana. Expert Systems with Applications, 26: 257-268. [50] Xirogiannis, G., Glykas, M. (2007). Modelação inteligente da maturidade do comércio eletrónico. Expert Systems with Applications, 32(2) : 687-702.

[51] Yaman, D., Polat, S. (2009). A Fuzzy Cognitive Map Approach for Effectbased Operations: An Illustrative Case. Ciências da Informação, 179(4) : 382-403.

[52] Yu, H., Wong, W., Chen, J., Chic, W. (2003). Qualidade de vida e procura de tratamento em mulheres chinesas com incontinência urinária. Quality of Life Research Journal, 12: 327-333.

[53] Yu, R., Tzeng, G. H. (2006). Um método de computação suave para a tomada de decisões multi-critério com dependência e feedback. Matemática Aplicada e Computação, 180: 63-75.

[54] Zachariae, R., Zachariae, H., Blomqvist, K. *et al.* (2002). Quality of life in 6497 Nordic patients with psoriasis (Qualidade de vida em 6497 pacientes nórdicos com psoríase). Br J Dermatol, 146 : 1006-1016.

[55] Zadeh, L. A. (1965). Fuzzy Sets, Information and Control, 8 : 338-353.

[56] Zhou, X., Zhang, H. (2008). Um Algoritmo de Categorização de Texto baseado em Similar Rough Set e Fuzzy Cognitive Map. Actas da Conferência Internacional sobre Sistemas Difusos e Descoberta de Conhecimento, 3: 127-131.

[57]Zhuge, H., Luo, X. (2006). Geração automática de semântica de documentos para

a grelha de conhecimentos de ciência eletrónica. The Journal of Systems and Software, 79 : 969-983.

I want morebooks!

Buy your books fast and straightforward online - at one of world's fastest growing online book stores! Environmentally sound due to Print-on-Demand technologies.

Buy your books online at
www.morebooks.shop

Compre os seus livros mais rápido e diretamente na internet, em uma das livrarias on-line com o maior crescimento no mundo! Produção que protege o meio ambiente através das tecnologias de impressão sob demanda.

Compre os seus livros on-line em
www.morebooks.shop

Printed by Books on Demand GmbH, Norderstedt / Germany